2권

덧셈, 뺄셈, 나눗셈, 곱셈

차례

덧셈과 뺄셈-네 자리 수까지

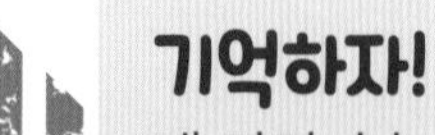

1 구슬에 쓰여 있는 수의 합을 구하고 빈칸에 알맞은 수를 쓰세요.

기억하자!
네 자리 수는 적어도 1000보다는 크거나 같아요.

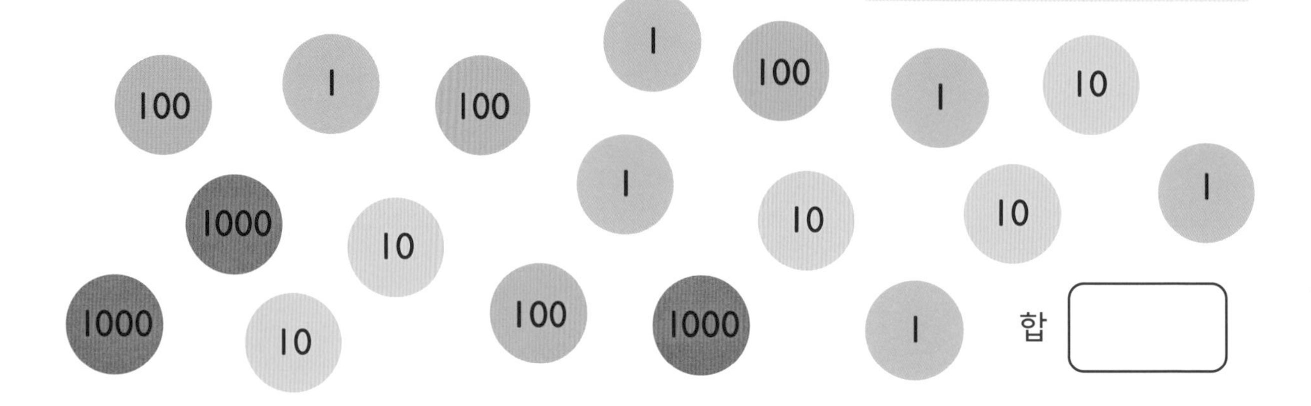

1 합에 이백을 더해요. 3656

2 합에 30을 더해요. ☐

3 합에 삼을 더해요. ☐

4 합에 오천을 더해요. ☐

5 합에 400을 더해요. ☐

6 합에 이십을 더해요. ☐

2 두 수를 더하세요.

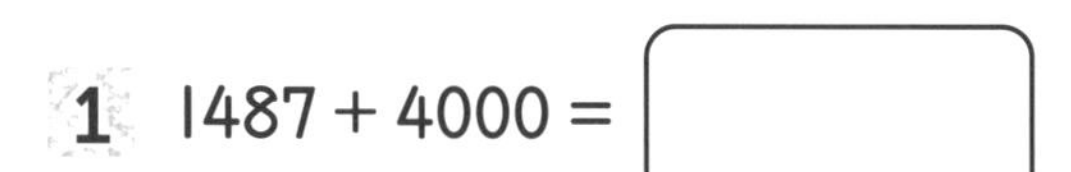

1 1487 + 4000 = ☐

2 ☐ = 2369 + 500

3 4502 + 9 = ☐

4 ☐ = 8751 + 40

5 6325 + 3000 = ☐

6 ☐ = 5294 + 30

3 두 수의 차를 구하세요.

1 5672 − 300 = ☐

2 ☐ = 7195 − 5000

3 3281 − 70 = ☐

4 ☐ = 2053 − 2000

5 6419 − 400 = ☐

6 ☐ = 8194 − 500

4 빈칸에 알맞은 수를 써넣어 수의 여행을 완성하세요.

1 시작!

4178

먼저, 이천을 더해요.

다음, 60을 빼요.

그런 다음, 오를 빼요.

마지막으로,
400을 더해요.

여행 끝!

2 시작!

9362

먼저, 300을 빼요.

다음, 삼십을 더해요.

그런 다음, 칠천을 빼요.

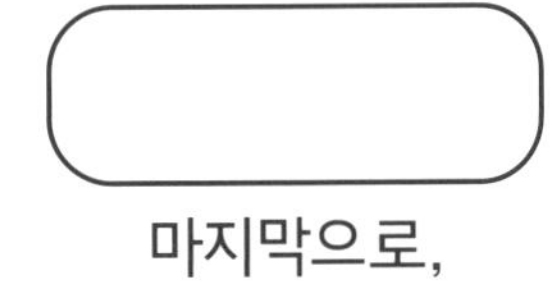

마지막으로,
팔을 더해요.

여행 끝!

3 시작!

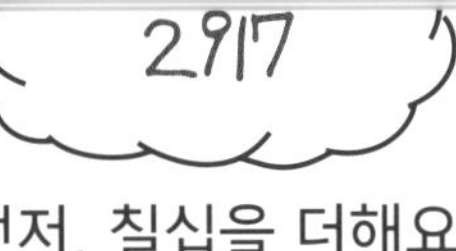

먼저, 칠십을 더해요.

다음, 2000을 빼요.

그런 다음, 칠을 빼요.

마지막으로,
10을 더해요.

여행 끝!

체크! 체크!
자리를 잘 맞추어 계산했나요?

문제를 다 푼 다음, 32쪽으로!

네 자리 수의 덧셈 (1)

1 다음 덧셈을 하고 답이 맞는지 뺄셈식을 이용하여 확인해 보세요.

기억하자!
올바른 자리에 수를 쓰고 계산하세요.

덧셈식의 결과가 맞는지 확인하기 위해서 관계있는 뺄셈식을 이용할 수 있어.

1 $4356 + 3212 =$ ☐

	천	백	십	일
	4	3	5	6
+	3	2	1	2

식을 바꾸어 계산하기

	천	백	십	일
−	3	2	1	2
	4	3	5	6

2 $5427 + 1362 =$ ☐

	천	백	십	일
+				

식을 바꾸어 계산하기

	천	백	십	일
−				

3 $4011 + 5637 =$ ☐

	천	백	십	일
+				

식을 바꾸어 계산하기

	천	백	십	일
−				

2 어림하여 계산해 보고 실제 계산한 값과 비교해 보세요.

기억하자!
받아올린 수를 올바른 자리에 쓰세요.

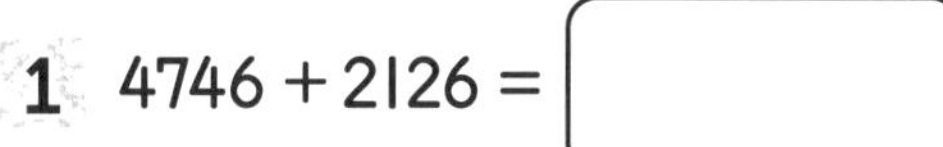

4746을 5000으로 반올림하고 2126을 2000으로 반올림하여 계산하면 7000이야.

1 4746 + 2126 = ☐

	천	백	십	일
어림값	7	0	0	0
			1	
	4	7	4	6
+	2	1	2	6
				2

2 5269 + 3128 = ☐

	천	백	십	일
어림값				
+				

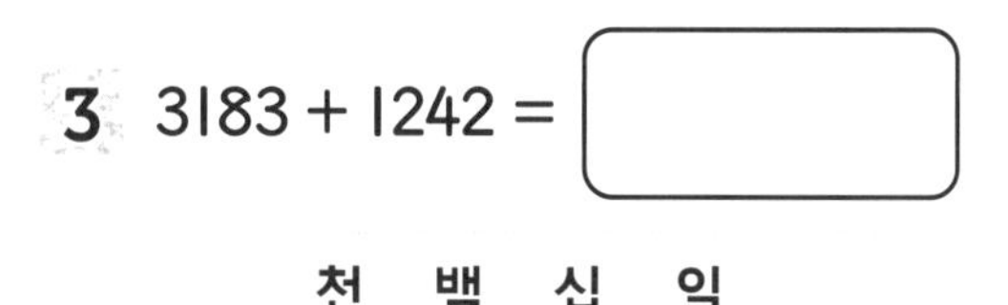

3 3183 + 1242 = ☐

	천	백	십	일
어림값				
+				

4 2058 + 3291 = ☐

	천	백	십	일
어림값				
+				

5 1747 + 1452 = ☐

	천	백	십	일
어림값				
+				

6 2906 + 3352 = ☐

	천	백	십	일
어림값				
+				

체크! 체크!
어림하여 계산한 값과 실제 계산한 값이 비슷한가요? ☐

문제를 다 푼 다음, 32쪽으로!

네 자리 수의 덧셈 (2)

1 어림하여 계산해 보고 실제 계산한 값과 비교해 보세요.

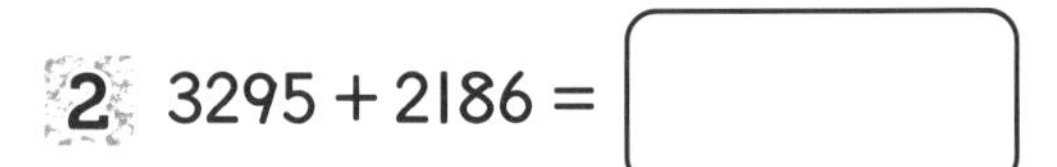

기억하자!
받아올린 수를 올바른 자리에 쓰세요.

1 5387 + 1256 = ☐

	천	백	십	일
어림값	6	0	0	0
		1	1	
	5	3	8	7
+	1	2	5	6
			4	3

2 3295 + 2186 = ☐

	천	백	십	일
어림값				
+				

3 1746 + 1983 = ☐

	천	백	십	일
어림값				
+				

4 4836 + 2692 = ☐

	천	백	십	일
어림값				
+				

5 5972 + 3439 = ☐

	천	백	십	일
어림값				
+				

6 4968 + 2097 = ☐

	천	백	십	일
어림값				
+				

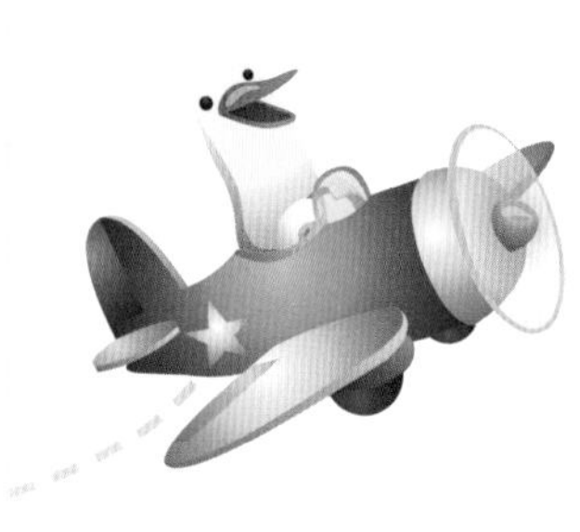

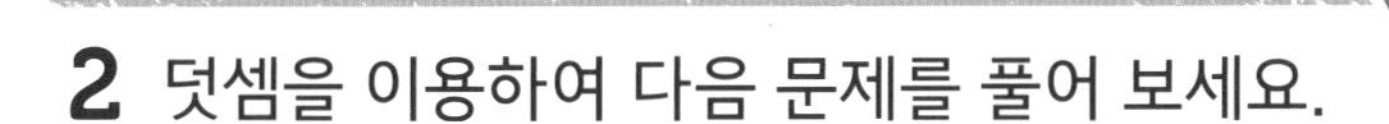

문제 푸는 건
너무 재밌어.

2 덧셈을 이용하여 다음 문제를 풀어 보세요.

1 칼럼은 월요일에 3846m를 달렸고 화요일에 2132m를 달렸어요. 이틀 동안 달린 거리는 얼마인가요?

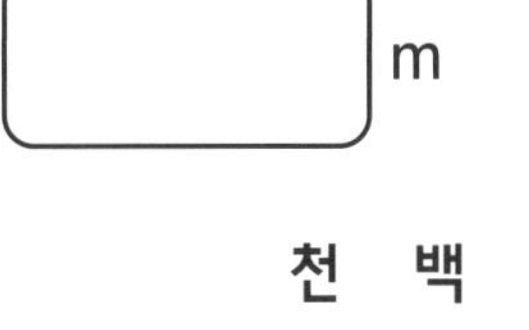

	천	백	십	일
어림값				
+				

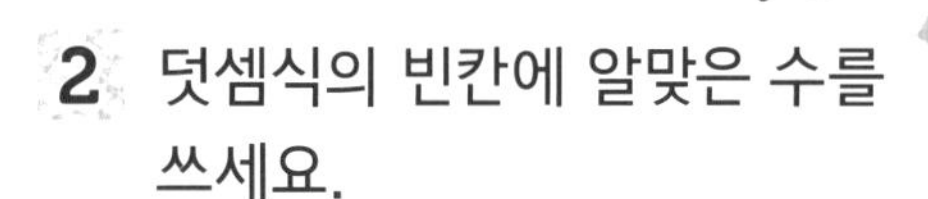

2 덧셈식의 빈칸에 알맞은 수를 쓰세요.

3 사미라는 1부터 8까지의 숫자를 한 번씩 써서 네 자리 수 2개를 만들었어요. 이 두 수를 세로셈으로 더했더니 합이 9999였고 받아올림은 없었어요. 위에 있는 네 자리 수의 각 숫자는 모두 짝수이고 아래에 있는 네 자리 수의 각 숫자는 모두 홀수예요. 빈칸에 알맞은 수를 쓰세요.

1 2 3 4 5 6 7 8

	천	백	십	일	
					← 각 자리의 숫자가 모두 짝수
+					← 각 자리의 숫자가 모두 홀수
	9	9	9	9	

4 빈칸에 <, > 또는 =를 알맞게 넣어 다음이 참이 되게 하세요.

1973 + 2058 ☐ 2805 + 1297

기억하자!
<는 ~보다 작다,
>는 ~보다 크다,
=는 ~와 같다는 뜻이에요.

	천	백	십	일
어림값				
+				

	천	백	십	일
어림값				
+				

문제를 다 푼 다음, 32쪽으로!

네 자리 수의 뺄셈 (1)

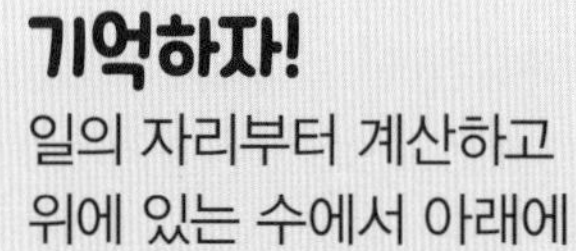

1 다음 뺄셈을 하고 덧셈식을 이용하여 답이 맞는지 확인해 보세요.

1 $6497 - 4135 =$ ☐

	천	백	십	일
	6	4	9	7
−	4	1	3	5

식을 바꾸어 계산하기

	천	백	십	일
+	4	1	3	5
	6	4	9	7

2 $9578 - 2152 =$ ☐

	천	백	십	일
−				

식을 바꾸어 계산하기

	천	백	십	일
+				

3 $8969 - 3924 =$ ☐

	천	백	십	일
−				

식을 바꾸어 계산하기

	천	백	십	일
+				

기억하자!
뺄셈을 할 수 없으면 윗자리에서 받아내림해요.

2 두 수의 차를 구하세요. 어림하여 계산도 해 보세요.

4에서 8을 뺄 수 없어. 그래서 십의 자리에서 받아내림했어.

1 4374 − 2238 = ☐

	천	백	십	일
어림값	2	0	0	0
			6	10
	4	3	~~7~~	4
−	2	2	3	8

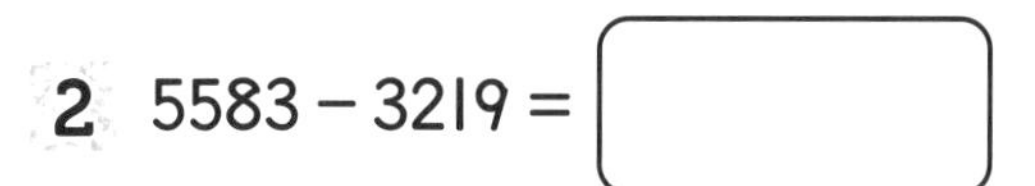

2 5583 − 3219 = ☐

천 백 십 일

어림값

−

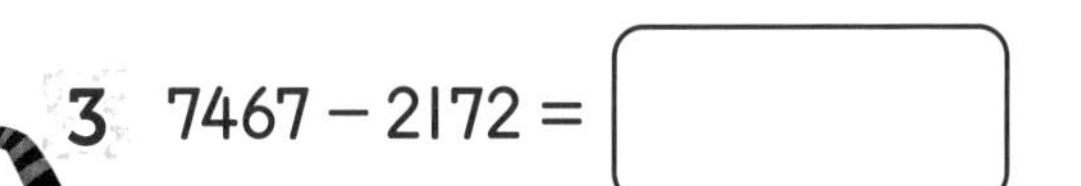

3 7467 − 2172 = ☐

천 백 십 일

어림값

−

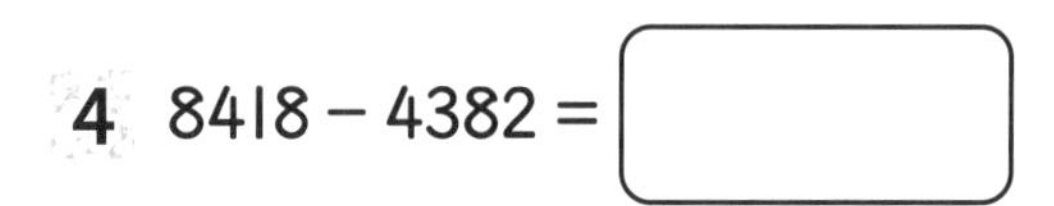

4 8418 − 4382 = ☐

천 백 십 일

어림값

−

5 9489 − 1768 = ☐

천 백 십 일

어림값

−

6 8247 − 2415 = ☐

천 백 십 일

어림값

−

체크! 체크!
받아내림을 바르게 했나요? 

문제를 다 푼 다음, 32쪽으로!

네 자리 수의 뺄셈 (2)

1 두 수의 차를 구하세요. 어림하여 계산도 해 보세요.

기억하자!
받아내림이 여러 번 있을 때에는 혼동되지 않도록 깔끔하게 표기하세요.

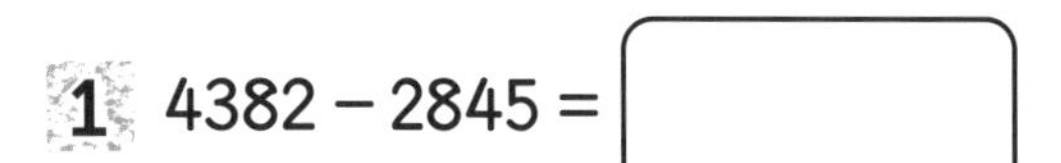

1 4382 − 2845 = ☐

	천	백	십	일
어림값	1	0	0	0
	3	10	7	10
	~~4~~	3	~~8~~	2
−	2	8	4	5

2 6273 − 1539 = ☐

	천	백	십	일
어림값				
−				

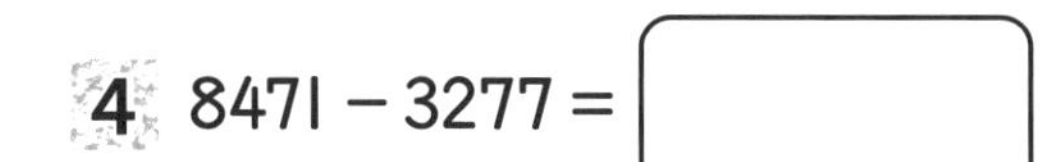

3 4854 − 1386 = ☐

	천	백	십	일
어림값				
−				

4 8471 − 3277 = ☐

	천	백	십	일
어림값				
−				

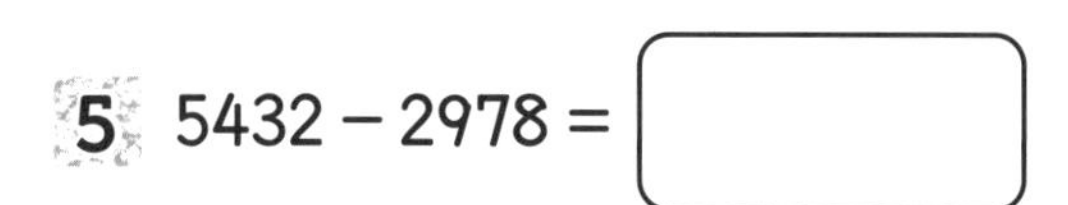

5 5432 − 2978 = ☐

	천	백	십	일
어림값				
−				

6 9253 − 1847 = ☐

	천	백	십	일
어림값				
−				

2 뺄셈을 이용하여 다음 문제를 풀어 보세요.

기억하자!
위의 수에서 아래 수를 뺄 수 없을 때에는 윗자리에서 받아내림해요.

1 에비는 비디오 게임에서 7895개의 동전을 모았어요. 이 중 2254개를 새로운 보너스 아이템을 사는 데 썼어요. 에비에게 남아 있는 동전은 몇 개인가요?

☐개

	천	백	십	일
어림값				
−				

2 뺄셈식의 빈칸에 알맞은 수를 쓰세요.

	천	백	십	일
어림값	2	0	0	0
		6	10	
	6	~~7~~	3	8
−				
	2	0	4	5

3 칼은 1부터 9까지의 수 중 홀수만을 이용하여 네 자리 수 2개를 만들었어요. 두 수의 차가 2222이고 뺄셈을 할 때 받아내림은 없었어요. 칼이 만든 두 수는 무엇일까요? 찾을 수 있는 대로 모두 찾으세요.

1 3 5 7 9

	천	백	십	일	
					← 각 자리의 숫자가 모두 홀수
−					← 각 자리의 숫자가 모두 홀수
	2	2	2	2	

4 뺄셈을 해 보고 빈칸에 <, > 또는 =를 알맞게 써 보세요.

5239 − 2345 ☐ 7934 − 5069

	천	백	십	일
어림값				
−				

	천	백	십	일
어림값				
−				

문제를 다 푼 다음, 32쪽으로!

효율적인 덧셈과 뺄셈

기억하자!
덧셈, 뺄셈을 할 때 여러 가지 방법을 사용할 수 있어요. 이 중 가장 효율적인(빠르고 쉬운) 방법을 골라 사용하면 돼요.

1 4998 + 4002를 세 가지 방법으로 풀어 보세요.

방법 1: 세로셈으로 계산하기
세로로 쓰고 계산하기

	천	백	십	일
어림값				
	4	9	9	8
+	4	0	0	2

방법 2: 조정한 다음 계산하기
위의 수 4998에 2를 더한 다음 아래 수 4002에서 2를 빼요. 그런 다음 계산해요.

	천	백	십	일
어림값				
+				

방법 3: 수직선에서 세기
수직선을 이용해 4998에서 4002만큼 더 가요.

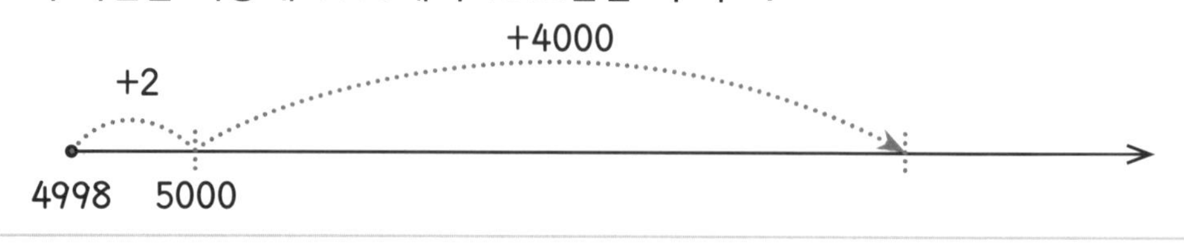

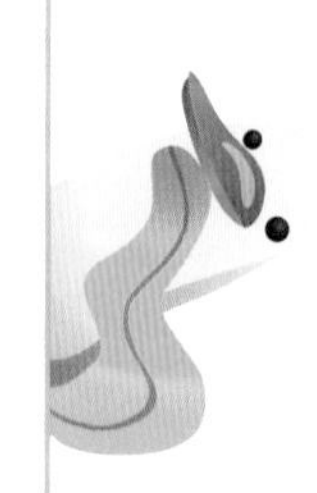

어떤 방법이 가장 효율적인가요?

세로셈으로 계산하기 ☐ 조정한 다음 계산하기 ☐ 수직선에서 세기 ☐

2 다음 덧셈을 위와 같이 세 가지 방법으로 계산해 보세요. 그런 다음 가장 효율적인 방법을 골라 보세요.

1001 + 1909 = ☐

3 5000과 3432의 차를 세 가지 방법으로 구해 보세요.

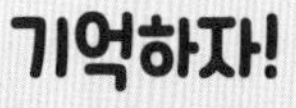

기억하자!
받아내린 수를 올바른 줄 위에 쓰세요.

방법 1: 세로셈으로 계산하기
위의 수에서 아래 수를 빼요.

	천	백	십	일
어림값				
	5	0	0	0
−	3	4	3	2

더 쉬운 방법이 있을까?

방법 2: 조정한 다음 계산하기
위의 수 5000에서 1을 빼요. 그리고 아래 수 3432에서도 1을 빼요.
그런 다음 계산해요.

	천	백	십	일
어림값				
−				

방법 3: 수직선에서 세기
아래와 같이 수직선의 빈칸을 채우고 모두 더하면 두 수의 차를 구할 수 있어요.

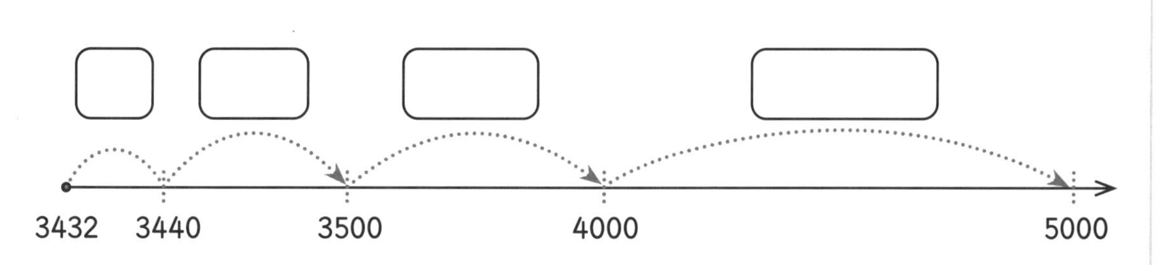

4 위와 같이 세 가지 방법을 사용하여 다음 뺄셈을 해 보세요.

어떤 방법이 가장 효율적이니?

3001 − 1991 = ☐

체크! 체크!
답이 맞았는지 관계있는 식으로 바꾸어 계산해 확인해 보세요.

문제를 다 푼 다음, 32쪽으로!

0, 1, 10, 25, 100 곱하기와 나누기

기억하자!
어떤 수에 0을 곱하면 0이에요.
$10 \times 0 = 0$

1 올바른 식에 ◯표 하세요.

$8 \times 0 = 8$

$48 \times 1 = 1$

$19 = 1 \times 19$

$6 = 6 \div 1$

$0 \times 25 = 0$

$5 \div 1 = 1$

$1 \times 0 = 0$

$7 \div 1 = 7$

$12 \div 12 = 1$

$1 = 14 \div 14$

2 1번에서 잘못된 계산을 바르게 해 보세요.

1  ☐ ☐ = ☐

2 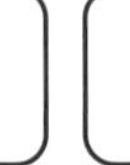   = ☐

3    = 

3 빈칸에 알맞은 수나 기호를 쓰세요.

1 $99 \times$ ☐ $= 99$

2 ☐ $\div 1 = 16$

3 ☐ $\times 21 = 0$

4 $3 \div 3 =$ ☐

5 11 ☐ 0 = 0

6 25 ☐ 1 = 25

4 빈칸에 <, > 또는 =를 알맞게 쓰세요.

1 14 × 10 ☐ 1400 ÷ 10　　2 250 ÷ 10 ☐ 250 × 10

3 90 × 10 ☐ 9000 ÷ 10　　4 1000 ÷ 10 ☐ 1 × 10

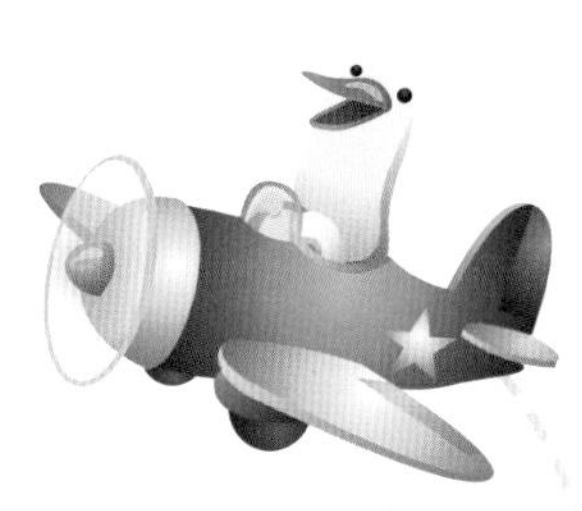

5 빈칸에 알맞은 수를 써넣어 수의 여행을 완성하세요.

1 시작!

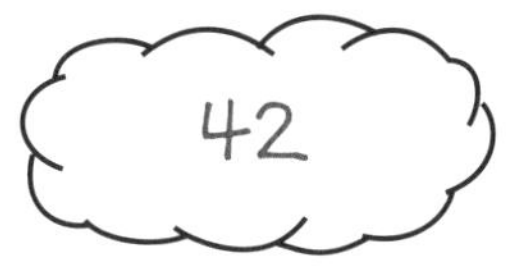

먼저, 10을 곱해요.

다음, 1로 나눠요.

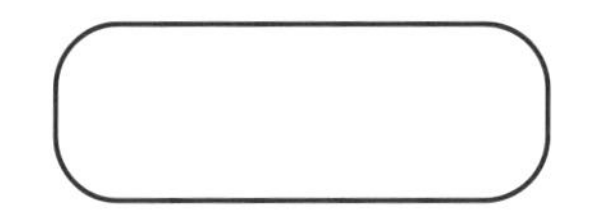

그런 다음, 10을 곱해요.

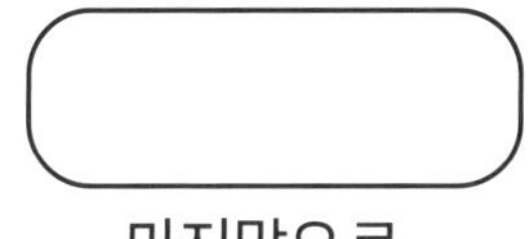

마지막으로,
100으로 나눠요.

여행 끝!

2 시작!

먼저, 10으로 나눠요.

다음, 100을 곱해요.

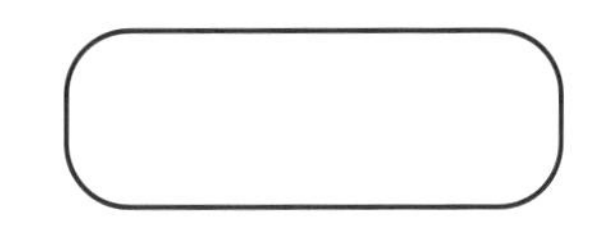

그런 다음, 10으로 나눠요.

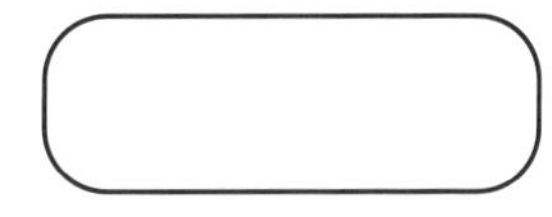

마지막으로,
10으로 나눠요.

여행 끝!

3 시작!

먼저, 1로 나눠요.

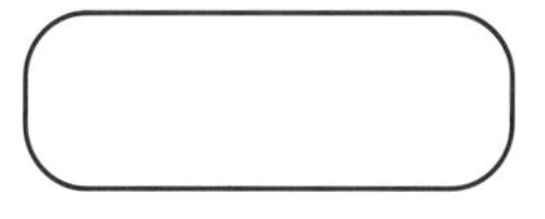

다음, 1을 곱해요.

그런 다음, 100으로 나눠요.

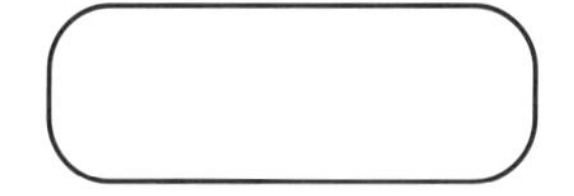

마지막으로,
10을 곱해요.

여행 끝!

6 빈칸에 알맞은 수를 쓰세요.

1 8 × 25 = ☐　　2 ☐ = 12 × 25

3 25 × 20 = ☐　　4 ☐ = 24 × 25

체크! 체크!
정확하게 곱하거나 나눴나요?

문제를 다 푼 다음, 32쪽으로!

6단, 7단, 9단 곱셈과 나눗셈

1 빈칸에 알맞은 수를 쓰세요.

기억하자!
6단 곱셈은 3단 곱셈의 두 배예요.

1. 6 × 3 = □
2. □ × 2 = 14
3. □ = 9 × 5
4. 7 × □ = 42
5. 9 × 9 = □
6. □ = 7 × 4
7. 7 × 8 = □
8. □ = 6 × 5
9. 9 × □ = 27
10. □ = 9 × 7
11. 6 × □ = 60
12. 7 × 7 = □

2 빈칸에 <, > 또는 =를 알맞게 쓰세요.

1. 6 × 6 □ 7 × 5
2. 6 × 4 □ 9 × 4
3. 9 × 8 □ 7 × 10
4. 6 × 7 □ 7 × 6
5. 6 × 9 □ 7 × 8
6. 9 × 2 □ 7 × 3

3 다음 퍼즐을 풀어 보세요.

두 수를 더하면 15가 되고 곱하면 56이 돼요.
두 수는 무엇과 무엇일까요?

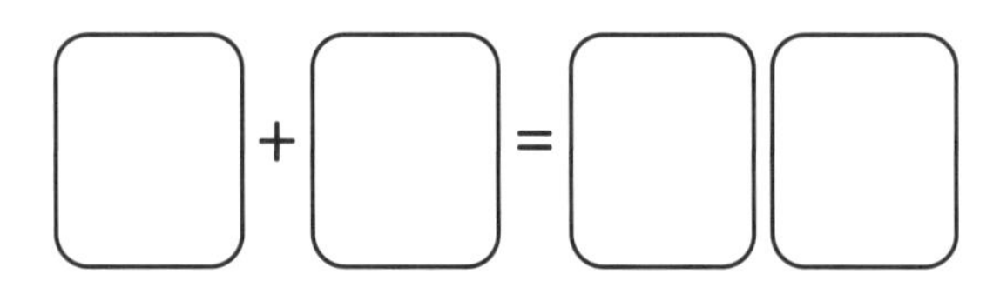

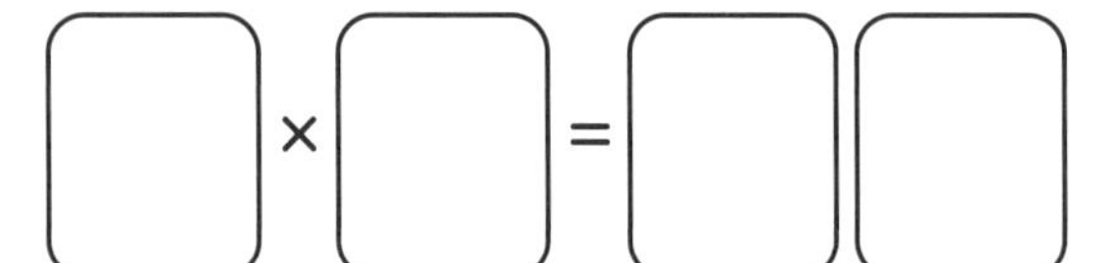

4 빈칸에 알맞은 수를 쓰세요.

기억하자!
곱셈과 나눗셈의 관계를 이용해 보세요.

1. $6 \times 5 = \square$, $30 \div \square = 6$
2. $7 \times \square = 63$, $63 \div 9 = \square$
3. $9 \times 5 = \square$, $\square \div 5 = 9$
4. $\square = 7 \times 4$, $\square = 28 \div 7$
5. $6 \times 8 = \square$, $\square \div \square = 6$
6. $\square = 9 \times 8$, $\square \div 9 = \square$
7. $6 \times 7 = \square$, $\square \div \square = \square$
8. $\square = 9 \times 6$, $\square \div \square = \square$

5 빈칸에 알맞은 수를 쓰세요.

1. $6 \times 20 = \square$
2. $30 \times \square = 210$
3. $\square = 40 \times 9$
4. $7 \times \square = 490$
5. $9 \times 90 = \square$
6. $\square = 80 \times 60$
7. $420 \div 7 = \square$
8. $\square = 630 \div 9$
9. $2700 \div \square = 900$
10. $\square = 300 \div 60$
11. $540 \div \square = 9$
12. $280 \div 40 = \square$

0이 없다고 생각하고 계산한 다음 자릿값에 맞게 0을 붙여 봐.

체크! 체크!
곱셈을 잘 기억하고 있나요? 계속 연습하세요. ☐

문제를 다 푼 다음, 32쪽으로!

6, 7, 9 곱하기와 나누기

기억하자!
곱셈을 사용하여 문제를 풀어 보세요.

1 6, 7, 9를 곱하거나 6, 7, 9로 나누어서 다음 문제를 풀어 보세요.

1 형사가 여덟 자리 수인 비밀의 수를 풀고 있어요. 빈칸의 위쪽에 있는 수를 아래쪽에 있는 수로 나누면 비밀을 풀 수 있대요. 비밀의 수는 무엇일까요?

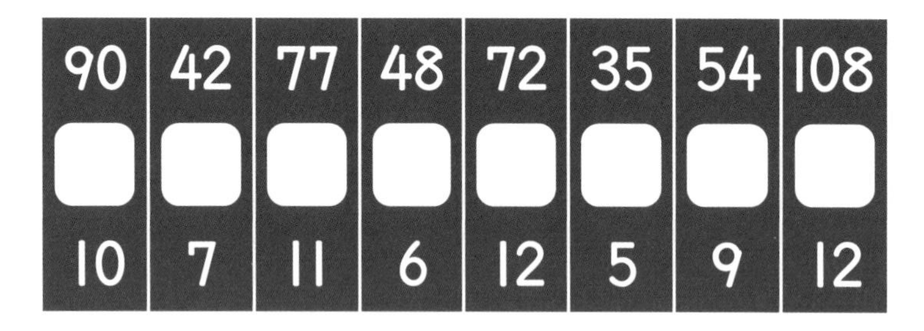

90	42	77	48	72	35	54	108
10	7	11	6	12	5	9	12

음, 곱셈이나 뺄셈을 했니?

2 캐릭터 스티커를 63장 가지고 있어요. 이것을 친구 7명에게 똑같이 나누어 주었어요. 친구 한 명에게 스티커 몇 장씩 나누어 주었나요?

☐ 장

3 9의 배수는 모든 자리의 수를 더하면 그 결과도 9의 배수예요. 이 사실을 이용하여 다음이 참인지, 거짓인지 알맞은 스티커를 붙이세요.

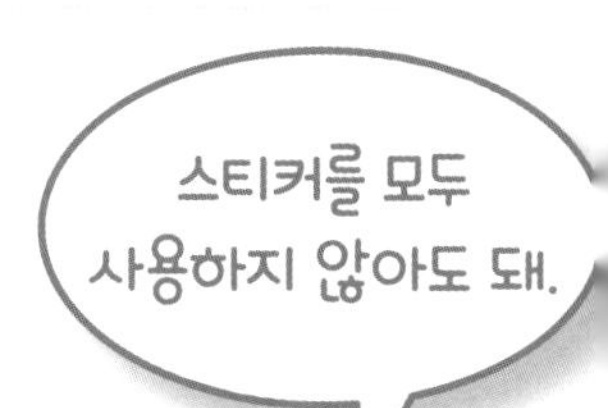

117은 9의 배수예요.

225는 9의 배수예요.

153은 9의 배수예요.

703은 9의 배수예요.

907은 9의 배수예요.

4 일주일은 7일이에요.

6주는 며칠인가요? ☐　　12주는? ☐

70주는? ☐

더 많이 풀어 보자.

5 카라는 사촌 네 명이 있는데 사촌 네 명의 나이는 같아요. 카라의 나이는 사촌들 나이의 두 배이고 사촌들 나이의 합은 24예요. 사촌의 나이와 카라의 나이는 각각 몇 세일까요?

카라 ☐ 세

사촌 ☐ 세

6 연극 무대에 부모님들을 초대했어요. 객석에는 의자가 6개씩 8줄 놓여 있고 이런 객석이 두 부분 있어요. 객석에 몇 명의 부모님이 앉을 수 있을까요?

☐ 명

7 빈칸에 알맞은 수를 쓰세요.

63　72　12　~~9~~　7　5

	9	
12	× 6	
	54	

	9	
	× 7	49

	× 9	108
	45	

잘했어!

칭찬 스티커를 붙이세요.

체크! 체크!
나눗셈을 이용해 답을 확인해 보았나요? ☐

문제를 다 푼 다음, 32쪽으로!

11단, 12단 곱셈과 나눗셈

1 11의 배수와 12의 배수를 찾아 각각 다른 색으로 ◯표 하세요.

기억하자!
두 수를 곱했을 때 그 결과는 곱한 두 수의 배수예요.
예) 2×12=24에서 24는 2와 12의 배수예요.

22　121　33
60　99
144　(77)　134
106　108
(36)　72　46　96
44
110
86　23
222　120　89

2 빈칸에 알맞은 수를 �요.

1. $11 \times 5 = \square$
2. $12 \times \square = 84$
3. $\square = 11 \times 6$
4. $\square \times 4 = 48$
5. $11 \times 12 = \square$
6. $\square = 12 \times 2$

3 빈칸에 <, > 또는 = 스티커를 알맞게 붙이세요.

1. 12×5 ☐ 11×6
2. 11×11 ☐ 12×10
3. 12×7 ☐ 11×8
4. 11×9 ☐ 12×8
5. 11×5 ☐ 12×4
6. 11×12 ☐ 12×11

4 빈칸에 알맞은 수를 쓰세요.

기억하자!
11단과 12단 곱셈을 사용해서 문제를 풀어 보세요.

1. $11 \times 3 = \square$, $33 \div \square = 11$
2. $12 \times \square = 48$, $48 \div 4 = \square$
3. $11 \times 9 = \square$, $\square \div 9 = 11$
4. $\square = 11 \times 12$, $\square = 132 \div 11$
5. $12 \times 9 = \square$, $\square \div \square = 12$
6. $\square = 11 \times 7$, $\square \div 11 = \square$
7. $12 \times 8 = \square$, $\square \div \square = \square$
8. $\square = 11 \times 10$, $\square \div \square = \square$

5 알맞은 수에 색칠하세요.

1. $12 \times 20 =$ (220) (240) (260)
2. $50 \times$ (10) (12) (11) $= 550$
3. (1440) (144) (1200) $= 12 \times 120$
4. $8 \times$ (11) (100) (110) $= 880$
5. $11 \times 60 =$ (66) (660) (6600)
6. $600 \div 12 =$ (50) (60) (100)
7. (12) (11) (10) $= 220 \div 20$
8. $1100 \div$ (10) (12) (11) $= 100$
9. (70) (60) (80) $= 840 \div 12$
10. $1320 \div 11 =$ (110) (120) (100)

잘했어!

체크! 체크!
다른 사람에게 11단, 12단 곱셈 문제를 내 보게 하고 맞혀 보세요. ☐

문제를 다 푼 다음, 32쪽으로!

곱셈 – 세로셈

1 세로셈으로 계산해 보세요.

기억하자!
먼저 반올림을 이용하여 어림해 보세요.

1 $32 \times 3 =$ 96

	백	십	일
어림값		9	0
		3	2
×			3
		9	6

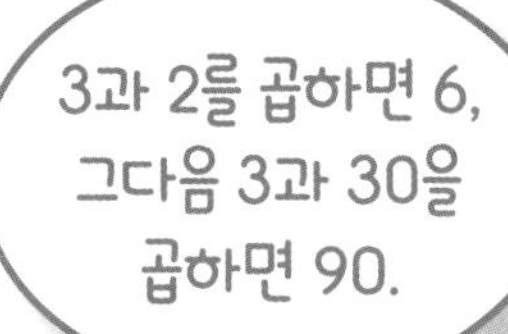

2 $21 \times 4 =$

	백	십	일
어림값			
×			

3 $23 \times 4 =$

	백	십	일
어림값			
×			

4 $43 \times 3 =$

	백	십	일
어림값			
×			

2 세로셈으로 계산해 보세요.

1 매일 23km씩 자동차로 이동해요.
6일 동안 이동한 거리는 얼마인가요?

	백	십	일
어림값			
×			

2 농부가 양배추를 97개씩 4줄 심었어요.
농부가 심은 양배추는 모두 몇 개인가요?

	백	십	일
어림값			
×			

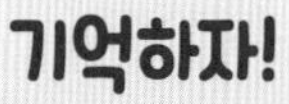

기억하자!
올린 수를 올바른 줄에 쓰세요.

3 세로셈으로 계산해 보세요.

1 323 × 3 = 969

	천	백	십	일
어림값		9	0	0

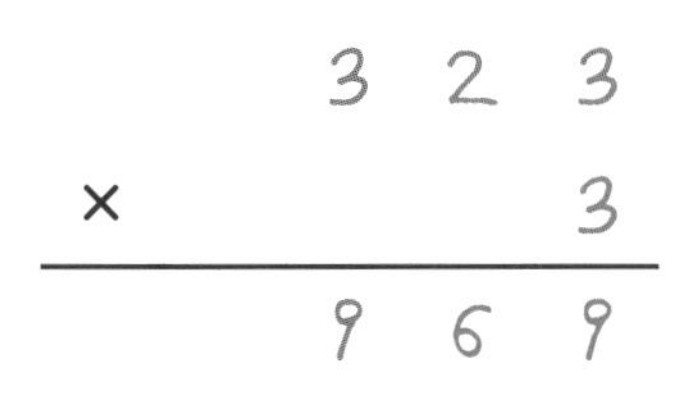

		3	2	3
×				3
		9	6	9

2 213 × 4 =

	천	백	십	일
어림값				
×				

빠진 숫자는 무엇일까?

3 312 × 4 =

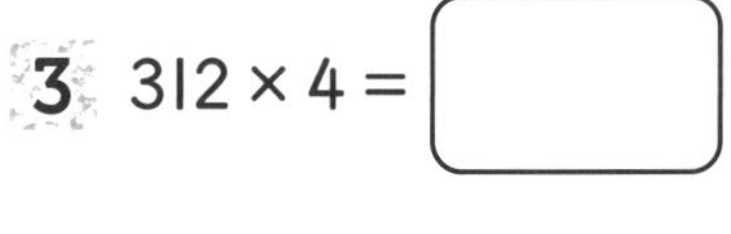

	천	백	십	일
어림값				
×				

4 654 × 3 =

	천	백	십	일
어림값				
×				

4 빈칸에 알맞은 수를 쓰세요.

1

	천	백	십	일
어림값	2	5	0	0
	2	2	1	
		5		3
×				5
	2		1	

2

	천	백	십	일
어림값	2	0	0	0
	1	3		
			9	2
×				
		9		8

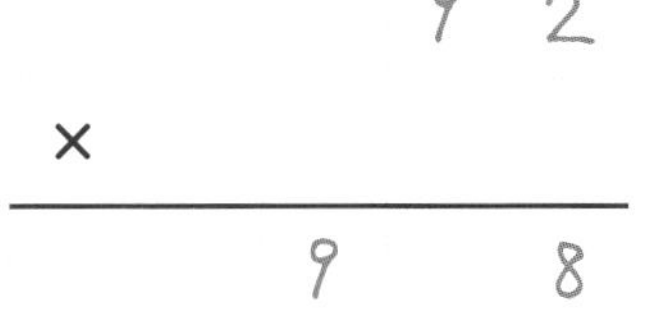

잘했어!

체크! 체크!
어림하여 계산한 값과 비교해 보세요. 비슷한가요? ☐

문제를 다 푼 다음, 32쪽으로!

세 수의 곱셈

1 다음과 같이 계산해 보세요.

기억하자!
수의 순서를 바꾸어 계산하면
더 효율적으로 계산할 수 있어요.

1 8 × 2 × 5 = [2] × [5] × [8]

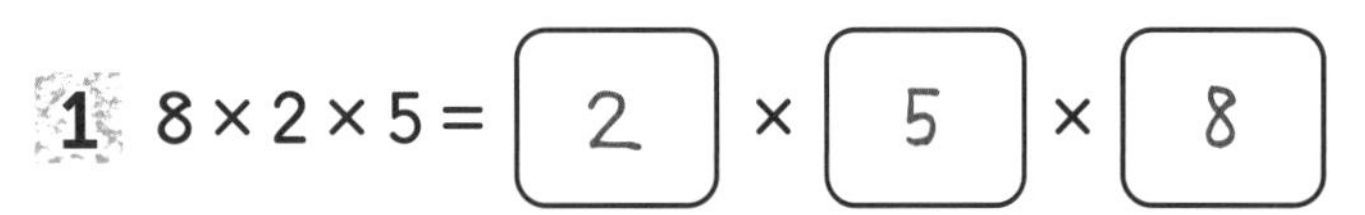

[2] × [5] = [10]
[10] × [8] = [80]

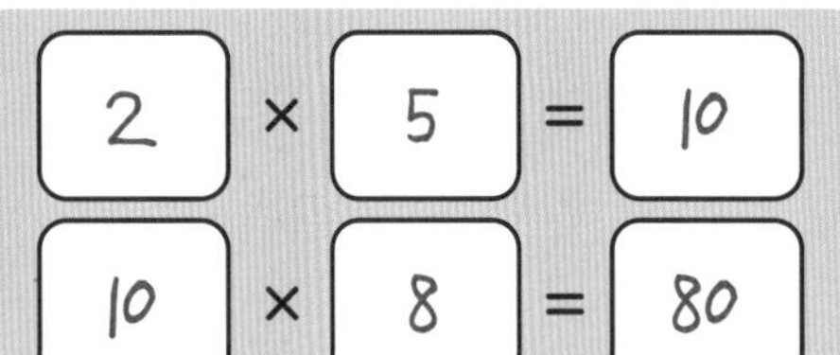

2 4 × 7 × 2 = [ ] × [ ] × [ ]

[ ] × [ ] = [ ]
[ ] × [ ] = [ ]

3 3 × 6 × 5 = [ ] × [ ] × [ ]

[ ] × [ ] = [ ]
[ ] × [ ] = [ ]

4 4 × 10 × 12 = [ ] × [ ] × [ ]

[ ] × [ ] = [ ]
[ ] × [ ] = [ ]

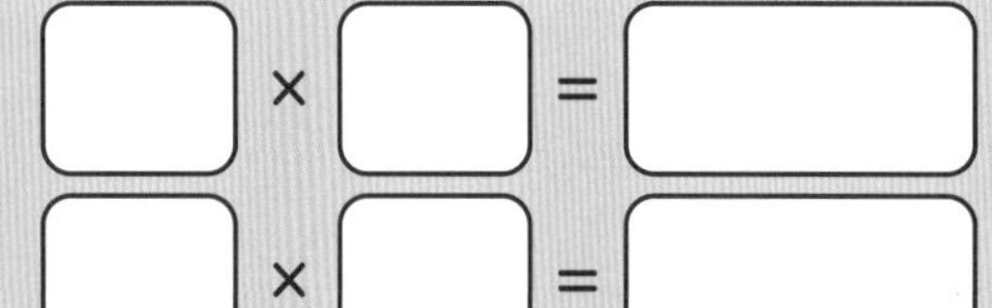

2 암산으로 계산해 보세요.

1 8 × 2 × 6 = [ ]

2 [ ] = 11 × 2 × 5

3 12 × 3 × 4 = [ ]

4 [ ] = 3 × 10 × 7

5 9 × 5 × 2 = [ ]

6 [ ] = 2 × 11 × 6

3 수의 순서를 바꾸지 말고 계산해 보세요.

1 $8 \times 4 \times 2$ ➡ [8] × [4] = [32]
[32] × [2] = [64]

2 $5 \times 5 \times 3$ ➡ [ ] × [ ] = [ ]
[ ] × [ ] = [ ]

3 $3 \times 2 \times 12$ ➡ [ ] × [ ] = [ ]
[ ] × [ ] = [ ]

4 $11 \times 5 \times 10$ ➡ [ ] × [ ] = [ ]
[ ] × [ ] = [ ]

4 빈칸에 알맞은 수나 <, > 또는 =를 쓰세요. 수는 1부터 12까지의 수예요.

1 $3 \times 6 \times 9$ [ ] $3 \times 9 \times 7$

2 [ ] $\times 5 \times 3 = 3 \times$ [ ] $\times 5$

3 $2 \times 4 \times 11$ [ ] $11 \times 4 \times 1$

4 [ ] $\times 11 \times 10 < 11 \times$ [ ] $\times 10$

5 $9 \times 7 \times 12$ [ ] $7 \times 12 \times 9$

6 $6 \times 4 \times 3 > 4 \times 6 \times$ [ ]

체크! 체크!
더 빠르고 더 쉽게 효율적인 방법으로 계산했나요? ☐

문제를 다 푼 다음, 32쪽으로!

약수 쌍

기억하자!
두 수를 곱한 값은 곱한 두 수의 배수이고
곱한 두 수는 그 값의 약수예요.
예) 2 × 4 = 8에서 2와 4는 8의 약수이고
8은 2와 4의 배수예요.

1 다음과 같이 약수 쌍을 이용해서 곱셈으로 나타내 보세요.

1 10의 약수 쌍

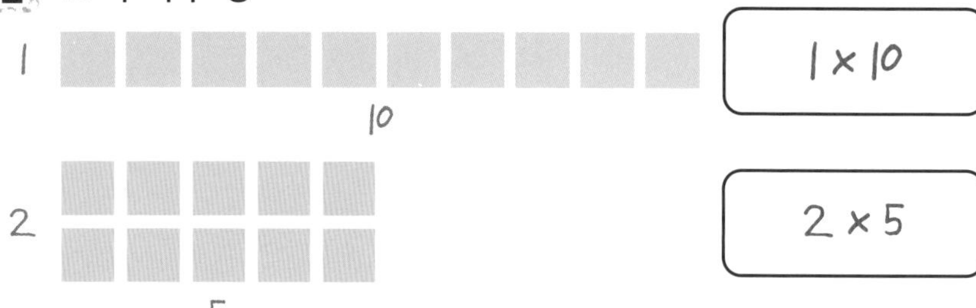

1 × 10

2 × 5

2 9의 약수 쌍

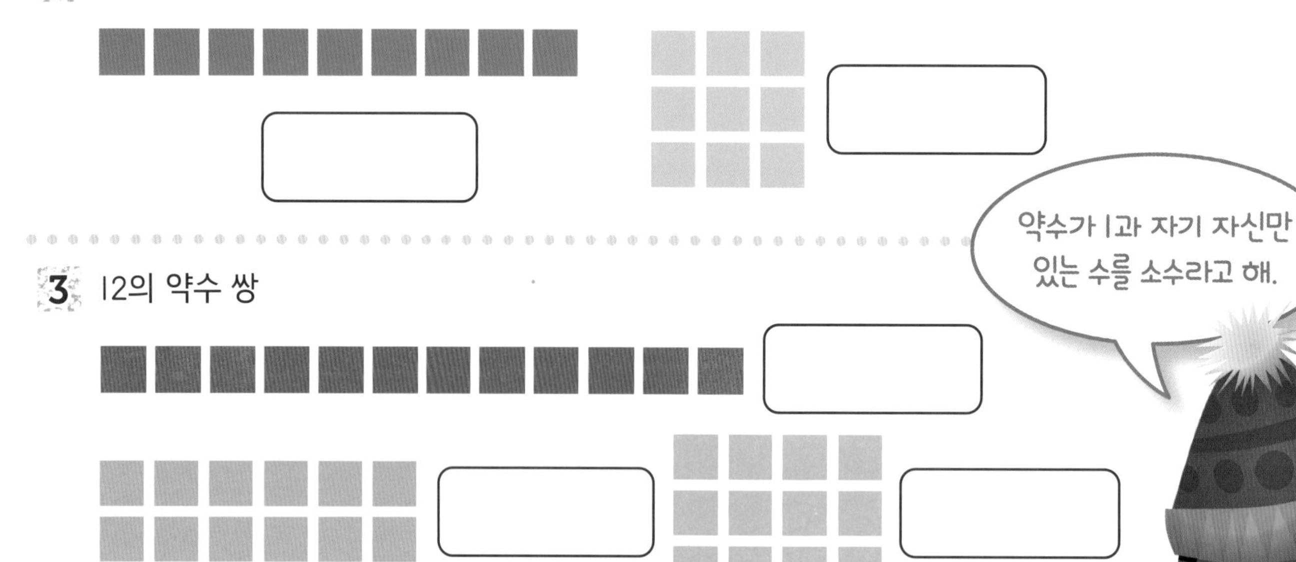

3 12의 약수 쌍

4 11의 약수 쌍

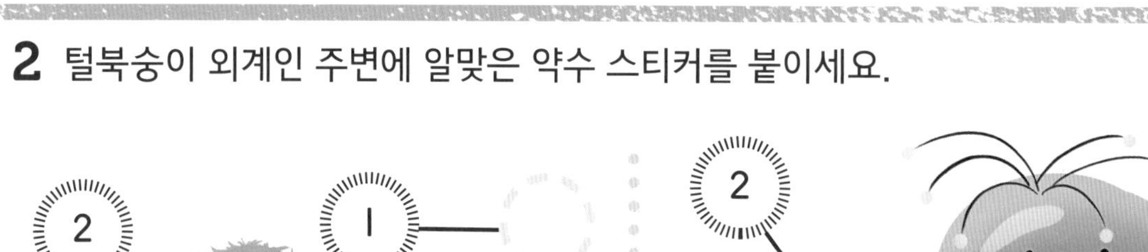

2 털북숭이 외계인 주변에 알맞은 약수 스티커를 붙이세요.

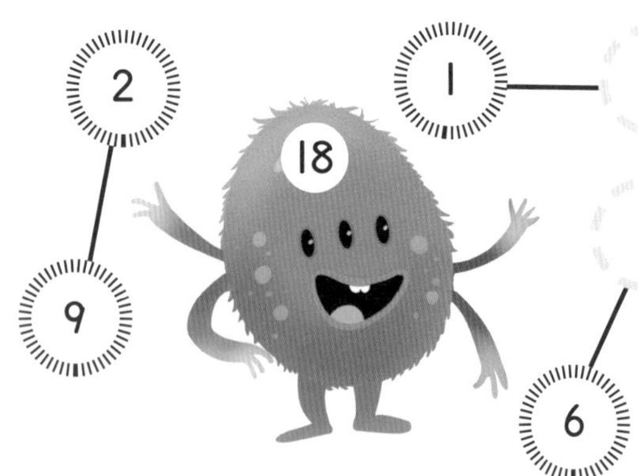

3 약수 쌍을 이용하여 문제를 풀어 보세요.

1 벤은 36이 10개의 약수를 갖는다고 생각해요. 로렌은 벤이 틀렸다고 생각하고 36은 9개의 약수를 갖는다고 생각해요. 누가 맞나요?

1 × 36부터 시작해서 모든 약수를 찾아봐. 같은 수를 두 번 세지 않도록 주의해.

2 루스는 27이 약수를 한 쌍 가지고 있기 때문에 소수라고 말해요. 루스의 말은 참일까요, 거짓일까요?

3 제이든은 4부터 10까지의 짝수는 모두 짝수 개의 약수 쌍을 갖는다고 말해요. 제이든의 말은 참일까요, 거짓일까요?

4 케말은 29의 약수는 1, 3, 4, 7, 9, 29라고 말해요. 케말의 말은 참일까요, 거짓일까요?

체크! 체크!

각 수의 약수 쌍을 빠뜨리지 않고 모두 찾았나요? ☐

칭찬 스티커를 붙이세요.

효율적인 곱셈

1 두 자리 수를 약수로 구분하여 계산해 보세요.

기억하자!
약수와 세 수의 곱셈에 대한 지식을 이용하여 가장 효율적인 방법을 찾으세요.

1 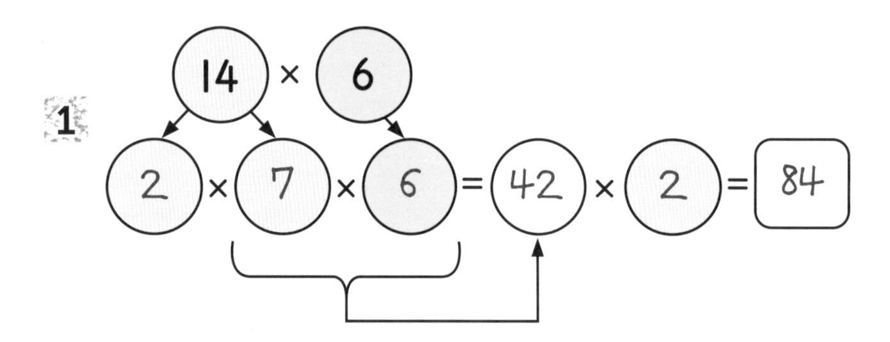

2 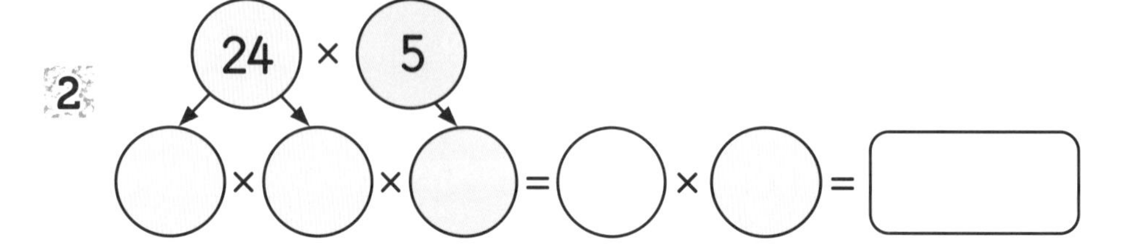

3 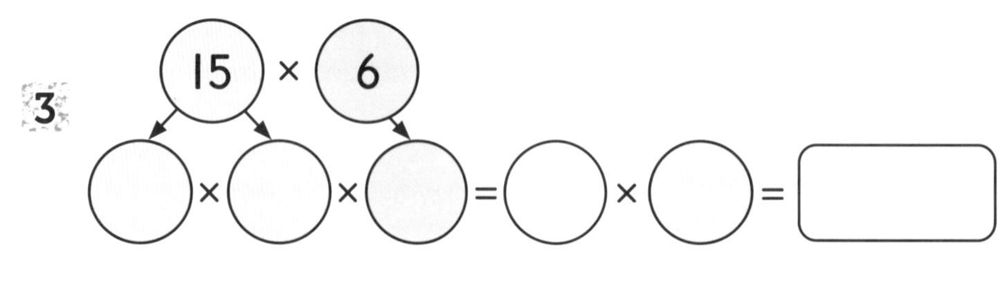

4 22 × 8

□ × □ × □ = □ × □ = □

5 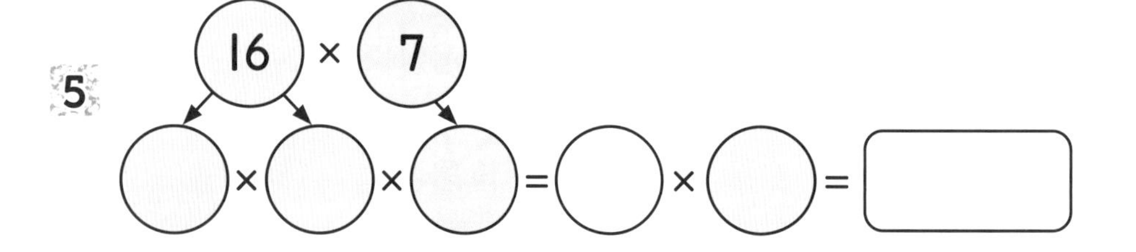

2 약수 쌍을 이용하여 빈칸에 알맞은 수를 쓰세요.

1

36 × 3 = 108

÷3 ÷3

12 × 9 = 108

2

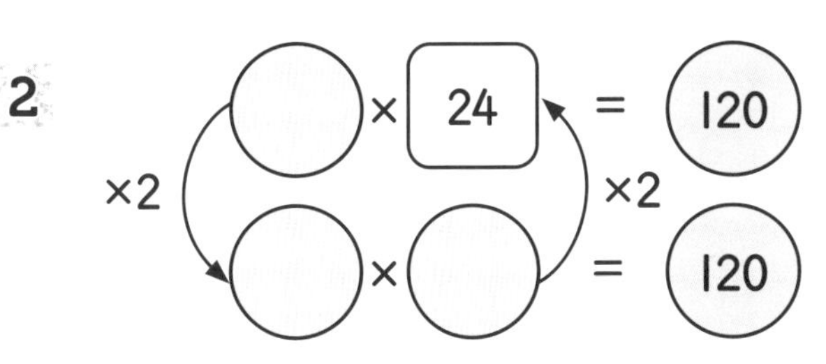

3

( ) × 5 = 110

÷2 ÷2

( ) × ( ) = 110

4

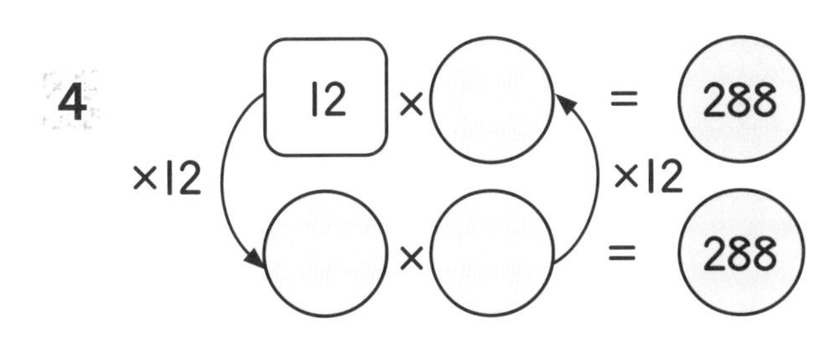

3 효율적인 방법으로 다음 문제를 풀어 보세요.

1 정육각형의 한 변의 길이가 22cm예요. 둘레는 얼마인가요?

사각형은 변이 4개이고,
팔각형은 변이 8개야.
그럼 육각형은 변이
몇 개일까?

[ ] cm

2 한 팩에 카드가 52장 있어요. 5팩에는 카드가 몇 장 있을까요?

[ ] 장

체크! 체크!

문제마다 약수를 바르게 이용했는지 확인하세요. ☐

문제를 다 푼 다음, 32쪽으로!

혼합 문제

1 다음 식이 참이 되도록 <, > 또는 =를 알맞게 넣으세요.

1719 + 1706 ☐ 8829 − 5392

기억하자!
이 책에서 연습한 여러 가지 방법을 알맞게 사용해서 덧셈, 뺄셈, 곱셈, 나눗셈을 해 보세요.

어림하기, 덧셈과 뺄셈, 곱셈과 나눗셈의 관계를 이용하여 검산하기 등을 잊지 마.

2 빈칸에 알맞은 수를 쓰세요.

3 ☐ × 6 = ☐ 92

3 참인지, 거짓인지 알맞은 것에 ○표 하세요.

1	90 ÷ 9 = 10이므로, 900 ÷ 9 = 100이에요.	(참)	거짓
2	490 ÷ 7 = 70이므로, 70 ÷ 7 = 490이에요.	참	거짓
3	1100 ÷ 11 = 100이므로, 1100 ÷ 1 = 10이에요.	참	거짓

4 두 수의 곱이 50에 가장 가깝도록 알맞은 스티커를 붙이세요.

1 3 5

☐ ☐ × ☐ = ☐

스티커를 모두 사용하지 않아도 돼.

5 다음 문제를 풀어 보세요.

기억하자!
덧셈, 뺄셈, 곱셈, 나눗셈 중 어떤 계산을 할지 잘 결정하세요. 한 개 이상의 계산을 해야 되는 경우도 있을 거예요.

1 로버트는 총 2457장의 축구 카드를 가지고 있었어요. 이 중 1737장을 팔았고 나머지는 6명의 친구에게 똑같이 나누어 주었어요. 친구들은 카드를 몇 장씩 가졌을까요?

장

2 하퍼는 6세예요. 할머니의 나이는 하퍼의 누나 나이의 7배이고, 하퍼의 누나 나이는 하퍼 나이의 두 배예요. 할머니는 몇 세일까요?

세

3 비행기가 2579km를 비행한 다음 또 6421km를 비행했어요. 비행기가 비행한 거리는 모두 얼마인가요?

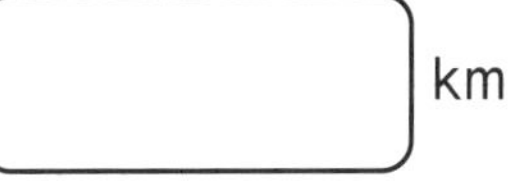

km

4 홀리의 아빠는 홀리에게 기부 쿠폰 7장을 모을 때마다 1장을 주겠다고 약속했어요. 1년 후 홀리는 쿠폰을 840장 모았어요. 홀리의 아빠가 준 쿠폰을 합하면 홀리가 가진 쿠폰은 모두 몇 장인가요?

장

문제를 다 푼 다음, 32쪽으로!

나의 실력 점검표

얼굴에 색칠하세요.

- 잘할 수 있어요.
- 할 수 있지만 연습이 더 필요해요.
- 아직은 어려워요.

쪽	나의 실력은?	스스로 점검해요!
2~3	네 자리 수까지 덧셈과 뺄셈을 할 수 있어요.	
4~5	네 자리 수의 덧셈을 할 수 있고 관계있는 식으로 바꾸어 계산하기와 어림하기를 하여 답을 확인할 수 있어요.	
6~7	네 자리 수의 덧셈을 할 수 있고 덧셈 문제를 해결할 수 있어요.	
8~9	네 자리 수의 뺄셈을 할 수 있고 관계있는 식으로 바꾸어 계산하기와 어림하기를 하여 답을 확인할 수 있어요.	
10~11	네 자리 수의 뺄셈을 할 수 있고 뺄셈 문제를 해결할 수 있어요.	
12~13	가장 효율적인 방법을 골라 덧셈과 뺄셈을 할 수 있어요.	
14~15	0, 1, 10, 25, 100을 곱하거나 0, 1, 10, 25, 100으로 나눌 수 있어요.	
16~17	6단, 7단, 9단 곱셈을 이용할 수 있어요.	
18~19	6, 7, 9를 곱하거나 6, 7, 9로 나눌 수 있어요.	
20~21	11단, 12단 곱셈을 이용할 수 있어요.	
22~23	세로셈으로 곱셈을 할 수 있어요.	
24~25	세 수의 곱셈을 할 수 있어요.	
26~27	약수 쌍 문제를 해결할 수 있어요.	
28~29	가장 효율적인 방법을 골라 곱셈을 할 수 있어요.	
30~31	덧셈, 뺄셈, 곱셈, 나눗셈을 이용하여 복잡한 문제를 해결할 수 있어요.	

너는 어때?

정답

2~3쪽

1. 3456 **1-2.** 3486 **1-3.** 3459 **1-4.** 8456
1-5. 3856 **1-6.** 3476
2-1. 5487 **2-2.** 2869 **2-3.** 4511 **2-4.** 8791
2-5. 9325 **2-6.** 5324
3-1. 5372 **3-2.** 2195 **3-3.** 3211
3-4. 53 **3-5.** 6019 **3-6.** 7694
4-1. $6178 \rightarrow 6118 \rightarrow 6113 \rightarrow 6513$
4-2. $9062 \rightarrow 9092 \rightarrow 2092 \rightarrow 2100$
4-3. $2987 \rightarrow 987 \rightarrow 980 \rightarrow 990$

4~5쪽

1-1. $4356 + 3212 = 7568$, $7568 - 3212 = 4356$
1-2. $5427 + 1362 = 6789$, $6789 - 1362 = 5427$
1-3. $4011 + 5637 = 9648$, $9648 - 5637 = 4011$
2-1. 어림값 7000, $4746 + 2126 = 6872$
2-2. 어림값 8000, $5269 + 3218 = 8397$
2-3. 어림값 4000, $3183 + 1242 = 4425$
2-4. 어림값 5000, $2058 + 3291 = 5349$
2-5. 어림값 3000, $1747 + 1452 = 3199$
2-6. 어림값 6000, $2906 + 3352 = 6258$

6~7쪽

1-1. 어림값 6000, $5387 + 1256 = 6643$
1-2. 어림값 5000, $3295 + 2186 = 5481$
1-3. 어림값 4000, $1746 + 1983 = 3729$
1-4. 어림값 8000, $4836 + 2692 = 7528$
1-5. 어림값 9000, $5972 + 3439 = 9411$
1-6. 어림값 7000, $4968 + 2097 = 7065$
2-1. 어림값 6000, $3846 + 2132 = 5978$
2-2. $2\boxed{5}3\boxed{6} + \boxed{6}3\boxed{2}9 = 8865$
2-3. 예) $6428 + 3571 = 9999$, $2468 + 7531 = 9999$
2-4. 어림값 4000, $1973 + 2058 = 4031$
어림값 4000, $2805 + 1297 = 4102$
$1973 + 2058 < 2805 + 1297$

8~9쪽

1-1. $6497 - 4135 = 2362$, $2362 + 4135 = 6497$
1-2. $9578 - 2152 = 7426$, $7426 + 2152 = 9578$
1-3. $8969 - 3924 = 5045$, $5045 + 3924 = 8969$
2-1. 어림값 2000, $4374 - 2238 = 2136$
2-2. 어림값 3000, $5583 - 3219 = 2364$
2-3. 어림값 5000, $7467 - 2172 = 5295$
2-4. 어림값 4000, $8418 - 4382 = 4036$
2-5. 어림값 7000, $9489 - 1768 = 7721$
2-6. 어림값 6000, $8247 - 2415 = 5832$

10~11쪽

1-1. 어림값 1000, $4382 - 2845 = 1537$
1-2. 어림값 4000, $6273 - 1539 = 4734$
1-3. 어림값 4000, $4854 - 1386 = 3468$
1-4. 어림값 5000, $8471 - 3277 = 5194$
1-5. 어림값 2000, $5432 - 2978 = 2454$
1-6. 어림값 7000, $9253 - 1847 = 7406$
2-1. 어림값 6000, $7895 - 2254 = 5641$
2-2. 4693
2-3. 예) $9573 - 7351 = 2222$, $5937 - 3715 = 2222$
2-4. 어림값 3000, $5239 - 2345 = 2894$
어림값 3000, $7934 - 5069 = 2865$
$5239 - 2345 > 7934 - 5069$

12~13쪽

1. 어림값 9000, $4998 + 4002 = 9000$
어림값 9000, $5000 + 4000 = 9000$
효율적인 방법은 각자 선택하세요.
2. $1001 + 1909 = 2910$
3. 어림값 2000, $5000 - 3432 = 1568$
어림값 2000, $4999 - 3431 = 1568$
8, 60, 500, 1000
4. $3001 - 1991 = 1010$

14~15쪽

1. $12 \div 12 = 1$, $0 \times 25 = 0$, $19 = 1 \times 19$, $1 \times 0 = 0$,
$7 \div 1 = 7$, $6 = 6 \div 1$, $1 = 14 \div 14$
2-1. $8 \times 0 = 0$ **2-2.** $48 \times 1 = 48$
2-3. $5 \div 1 = 5$
3-1. $99 \times 1 = 99$ **3-2.** $16 \div 1 = 16$
3-3. $0 \times 21 = 0$ **3-4.** $3 \div 3 = 1$
3-5. $11 \times 0 = 0$
3-6. $25 \times 1 = 25$ 또는 $25 \div 1 = 25$
4-1. $=$ **4-2.** $<$ **4-3.** $=$ **4-4.** $>$
5-1. $420 \rightarrow 420 \rightarrow 4200 \rightarrow 42$
5-2. $11 \rightarrow 1100 \rightarrow 110 \rightarrow 11$
5-3. $5200 \rightarrow 5200 \rightarrow 52 \rightarrow 520$
6-1. 200 **6-2.** 300 **6-3.** 500 **6-4.** 600

16~17쪽

1-1. 18 **1-2.** 7 **1-3.** 45 **1-4.** 6
1-5. 81 **1-6.** 28 **1-7.** 56 **1-8.** 30
1-9. 3 **1-10.** 63 **1-11.** 10 **1-12.** 49
2-1. $>$ **2-2.** $<$ **2-3.** $>$ **2-4.** $=$
2-5. $<$ **2-6.** $<$
3. $8 + 7 = 15$, $8 \times 7 = 56$

4-1. 30, 5 **4-2.** 9, 7 **4-3.** 45, 45
4-4. 28, 4 **4-5.** 48, 48, 8 **4-6.** 72, 72, 8
4-7. 42, 42, 7, 6(또는 $42 \div 6 = 7$)
4-8. 54, 54, 6, 9(또는 $54 \div 9 = 6$)
5-1. 120 **5-2.** 7 **5-3.** 360 **5-4.** 70
5-5. 810 **5-6.** 4800 **5-7.** 60 **5-8.** 70
5-9. 3 **5-10.** 5 **5-11.** 60 **5-12.** 7

18~19쪽

1-1. 9, 6, 7, 8, 6, 7, 6, 9
1-2. $63 \div 7 = 9$, 9
1-3. 참($1 + 1 + 7 = 9$)
참($2 + 2 + 5 = 9$)
참($1 + 5 + 3 = 9$)
거짓($7 + 0 + 3 = 10$)
거짓($9 + 0 + 7 = 16$)
1-4. 42일, 84일, 490일
1-5. 카라 12, 사촌 6, $24 \div 4 = 6$, $6 \times 2 = 12$
1-6. $8 \times 6 = 48$, $48 \times 2 = 96$, 96
1-7. (왼쪽부터) 72, 7, 63, 12, 5

20~21쪽

1 . 11의 배수: 22, 33, 44, 77, 99, 121, 110
12의 배수: 36, 60, 72, 96, 108, 120, 144
2-1. 55 **2-2.** 7 **2-3.** 66
2-4. 12 **2-5.** 132 **2-6.** 24
3-1. $<$ **3-2.** $>$ **3-3.** $<$
3-4. $>$ **3-5.** $>$ **3-6.** $=$
4-1. 33, 3 **4-2.** 4, 12 **4-3.** 99, 99
4-4. 132, 12 **4-5.** 108, 108, 9 **4-6.** 77, 77, 7
4-7. 96, 96, 8, 12(또는 $96 \div 12 = 8$)
4-8. 110, 110, 11, 10(또는 $110 \div 10 = 11$)
5-1. 240 **5-2.** 11 **5-3.** 1440
5-4. 110 **5-5.** 660 **5-6.** 50
5-7. 11 **5-8.** 11 **5-9.** 70
5-10. 120

22~23쪽

1-2. 어림값 80, $21 \times 4 = 84$
1-3. 어림값 80, $23 \times 4 = 92$
1-4. 어림값 120, $43 \times 3 = 129$
2-1. 어림값 120, $23 \times 6 = 138$(km)
2-2. 어림값 400, $97 \times 4 = 388$(개)
3-2. 어림값 800, $213 \times 4 = 852$
3-3. 어림값 1200, $312 \times 4 = 1248$
3-4. 어림값 2100, $654 \times 3 = 1962$
4-1. $5\boxed{4}3 \times 5 = 2\boxed{7}1\boxed{5}$
4-2. $\boxed{4}92 \times \boxed{4} = \boxed{1}9\boxed{6}8$

24~25쪽

1-2. $4 \times 7 \times 2 = 2 \times 4 \times 7$, $2 \times 4 = 8$, $8 \times 7 = 56$
1-3. $3 \times 6 \times 5 = 6 \times 5 \times 3$, $6 \times 5 = 30$, $30 \times 3 = 90$
1-4. $4 \times 10 \times 12 = 12 \times 4 \times 10$,
$12 \times 4 = 48$, $48 \times 10 = 480$
2-1. 96 **2-2.** 110 **2-3.** 144
2-4. 210 **2-5.** 90 **2-6.** 132
3-2. $5 \times 5 = 25$, $25 \times 3 = 75$
3-3. $3 \times 2 = 6$, $6 \times 12 = 72$
3-4. $11 \times 5 = 55$, $55 \times 10 = 550$
4-1. $<$ **4-2.** 양변이 같은 수이면 모두 정답
4-3. $>$ **4-4.** 오른쪽이 더 큰 수이면 모두 정답
4-5. $=$ **4-6.** 2 또는 1

26~27쪽

1-2. 1×9, 3×3
1-3. 1×12, 2×6, 3×4
1-4. 1×11
2. (위부터) 18, 3, (왼쪽부터) 3, 12, 4
3-1. 로렌, 36의 약수: 1, 2, 3, 4, 6, 9, 12, 18, 36(9개)
3-2. 거짓, 27의 약수 쌍: 1×27, 3×9
3-3. 참, 4의 약수 쌍: 1×4 , 2×2
6의 약수 쌍: 1×6, 2×3
8의 약수 쌍: 1×8, 2×4
10의 약수 쌍: 1×10, 2×5
3-4. 거짓, 29의 약수는 1과 29

28~29쪽

1-2. $24 \times 5 = 12 \times 2 \times 5 = 10 \times 12 = 120$
또는 $24 \times 5 = 6 \times 4 \times 5 = 20 \times 6 = 120$
1-3. $15 \times 6 = 3 \times 5 \times 6 = 30 \times 3 = 90$
1-4. $22 \times 8 = 2 \times 11 \times 8 = 88 \times 2 = 176$
1-5. $16 \times 7 = 2 \times 8 \times 7 = 56 \times 2 = 112$
2-2. 5, 10, 12 **2-3.** 22, 11, 10 **2-4.** 24, 144, 2
3-1. $22 \times 6 = 132$, 132 **3-2.** $52 \times 5 = 260$, 260

30~31쪽

1. $1719 + 1706 = 3425$, $8829 - 5392 = 3437$
$1719 + 1706 < 8829 - 5392$
2. $32 \times 6 = 192$
3-2. 거짓 **3-3.** 거짓
4. $53 \times 1 = 53$
5-1. $2457 - 1737 = 720$, $720 \div 6 = 120$, 120
5-2. $6 \times 2 \times 7 = 84$, 84
5-3. $2579 + 6421 = 9000$, 9000
5-4. $840 \div 7 = 120$, $840 + 120 = 960$, 960

정리 노트

런런 옥스퍼드 수학

5-2 덧셈, 뺄셈, 곱셈, 나눗셈

초판 1쇄 발행 2022년 12월 6일
글·그림 옥스퍼드 대학교 출판부 **옮김** 상상오름
발행인 이재진 **편집장** 안경숙 **편집 관리** 윤정원 **편집 및 디자인** 상상오름
마케팅 정지운, 김미정, 신희용, 박현아, 박소현 **국제업무** 장민경, 오지나 **제작** 신홍섭
펴낸곳 (주)웅진씽크빅
주소 경기도 파주시 회동길 20 (우)10881
문의 031)956-7403(편집), 02)3670-1191, 031)956-7065, 7069(마케팅)
홈페이지 www.wjjunior.co.kr **블로그** wj_junior.blog.me **페이스북** facebook.com/wjbook
트위터 @wjbooks **인스타그램** @woongjin_junior
출판신고 1980년 3월 29일 제406-2007-00046호
원제 PROGRESS WITH OXFORD: MATH

ISBN 978-89-01-26538-4
ISBN 978-89-01-26510-0 (세트)

잘못 만들어진 책은 바꾸어 드립니다.
주의 1. 책 모서리가 날카로워 다칠 수 있으니 사람을 향해 던지거나 떨어뜨리지 마십시오.
2. 보관 시 직사광선이나 습기 찬 곳은 피해 주십시오.